異なる緯度から見た月

Peter D. Geldart
RASC会員

Google 翻訳を使用して英語から翻訳

異なる緯度から見た月
Peter D. Geldart
geldartp@gmail.com

Google 翻訳を使用して英語から翻訳

約4100語（英語）
42ページ
4インチ×6インチ

表紙：
12月の夜、湖面に昇る半月（遠くの氷に注目）。北緯45.4693度、西経75.8106度から南東方向を撮影。著者撮影、1990年頃。

Petra Books
MBO Coworking
78 George St., Suite 204
Ottawa ON K1N 5W1
613-294-2205

一部、British Astronomic誌に掲載
Previously published, in part, in the British Astronomical Association Journal, April 2025.

コンテンツ

はじめに

方法論

座標系

地球の自転

地球の傾き

熱帯地方

太陰暦

低緯度から中緯度から見た月

高緯度から見た月

周極

結論

要約

地平線上の月の高度は、緯度と、月の軌道が地球の赤道面に対してなす角度（赤緯）によって決まります。最大高度を求める公式も示されています。熱帯地方に生息する月は、南北緯28.5度以内の範囲でのみ天頂で観測できます。著者は、夏と冬における様々な緯度から見た月の高度図を示し、月面通過の高低について論じます。

はじめに

このエッセイは、異なる緯度から観測された際に、月の見かけの軌道と高度に影響を与える要因を明らかにすることを目的としています。地球の夜側では、緯度に関わらず、同じ月が同じ位相で現れます。また、太陽が東から昇るにつれて西の空に淡い月が見えたり、太陽が西に沈むにつれて東から満月が昇ったりするなど、昼間でも月が見えることがあります。

次ページの図は、0度（赤道）、22度、45度の3つの低緯度から中緯度、および70度、80度、90度（極）の3つの高緯度から見た月の高度曲線を示しています。これらの緯度で人が居住している場所には、リオデジャネイロとシンガポール（0度）、香港とサンパウロ（北緯22度と南緯22度）、ヴェネツィアとクイーンズタウン（北緯45度と南緯45度）、イヌヴィクとムルマンスク（北緯70度）、アラート（北緯80度）などがあります。極地で人が居住しているのは、アムンゼン・スコット南極点基地（南緯90度）のみです。

地球は東向きに自転しているため、月は東から昇り、赤道に向かって通過し、西に沈みます。[1]

太陽、惑星、そして恒星と同様に、月の西への動きは錯覚的なものです。地球の自転によって東へ運ばれているのは、観測者自身です。月の見かけ上の西への移動は、背景の星々よりもわずかに遅く見えますが、これは月の実際の軌道が東向きであるためです。[2]

私はNASAのJPLホライゾンズのデータを使用しました[3]経度はグリニッジ (0°)、時間 (UT)、サンプル年は 2030 年です。

---

1 トランジットとは、天体が観測者の子午線を横切るように見える現象です。子午線とは、観測者の真上を天頂を通って一方の極からもう一方の極まで伸びる仮想的な線です。「昇り、トランジット、沈み」（RTS）という用語は、地球の自転の影響を表す人工用語です。Aryeh Nirenbergによるタイムラプス動画は、https://youtu.be/1zJ9FnQXmJIでご覧いただけます。

2 月の東への軌道速度は「平均時速3,681キロメートル…天球上の平均角速度は約時速33分角…（偶然にも）見かけの直径に相当する。」『月、最も近い天体の隣人』ズデネック・コパル著、6ページ、チャップマン・アンド・ホール社、ロンドン、1960年。The Moon, Our Nearest Celestial Neighbour. Zdeněk Kopal, p6, Chapman and Hall, London.

3 NASA JPL Horizonsデータサービス（https://ssd.jpl.nasa.gov/horizons/）

その他の興味深いサイト：

- 米国海軍天文台データサービス（https://aa.usno.navy.mil）
- Time and Date（https://www.timeanddate.com/moon/）

方法論

地球表面上の一点の東向きの自転速度は緯度が増すにつれて低下し、天球は西への移動速度が遅くなり、極から見ると星が周極軌道をとるようになるという事実に興味をそそられ、この研究を始めました。順行軌道をとる月は、背景の星々に対して1日に13.2度東へ移動しているように見えます。[4]. 私の仮説は、緯度が高くなるにつれて月の見かけの西向きの動きは弱まり、極付近や極では真の軌道上で東向きに動いているように見えるはずだというものでした。

JPL Horizons の月の暦（赤経、方位角、地方視角時、天空の動き）を詳しく調べると、[5])観測者の緯度が高くなるにつれて減少する係数は見つけられませんでした。

しかし、高緯度では月が地平線上に数日間留まることはあり、これは円周が短く、

---

4 https://public.nrao.edu/ask/variability-of-the-moons-apparent-motion-through-the-sky/

5 JPL Horizons settings: R.A._(a-app), dRA*cosD, Azi_(a-app), dAZ*cosE, L_Ap_Hour_Ang, Sky_motion, Sky_mot_PA, and RelVel-ANG.

自転速度が低いことに関係しているに違いありません。また、サンプル年（2030年）において、月が90°の地点で西方位から昇り東に沈む日付をいくつか発見しました。しかし、昇り方位と沈み方位の数値は一見ランダムに見えました。

式（1）とDuffett-SmithおよびMeeusの文献を私に教えてくれた、Sunmooncalc暦の開発者であるJeff C.氏は、次のようにアドバイスしました。

「…相対的な貢献[6] 月の見かけの動きは緯度によって変化しません。極地では直線速度はゼロで、方向は実質的に意味を持ちません。…極緯度では、月の昇りと沈みは主に赤緯の変化によって決まるため、方位角はいくぶんランダムに見えます。…変化率は緯度だけでなく赤緯にも依存し、最大高度を求める単純な公式のような公式はありません。」

- Jeff C. ジェフ・C. の電子メールによるやり取り、2025年

異なる緯度から見た月の見かけの動きについて、JPLホライゾンズのジョン・G. は次のように述べています。

---

6 「恒星日は23時間56分4秒です…したがって、地球の角速度はωE = 360°/23.934444時間 = 15.041085°/時です。月は恒星月で公転を1周するため、その公転角速度はωM = 360°/27.321661日 = 0.54901494°/時です。月の軌道は順行であるため、地球上の観測者から見た月の角速度はωE – ωM = 15.041085°/時 – 0.54901494°/時 = 14.49207°/時です。つまり、運動の96.3%は地球の自転によるものです。」— ジェフ・C、メールによるやり取り、2025年 Jeff C.

「方位角と仰角は、地球の自転によって運ばれる局所座標であり、局所的な天頂方向とそれに垂直な面に基づいています。…月（301）をターゲットに設定し、量#2（赤経と赤緯）、#3（赤経と赤緯の速度）、#4（赤経と赤緯の角度）、#5（赤経と赤緯の速度）、および/または#47（天球の動き）の出力を要求します。

- Jon G.、電子メールでのやり取り、2025年。

月の真の軌道は、観測者の緯度が高くなるにつれて明らかになり始めるということを示すことができませんでした。おそらく、計算されたデータテーブルに頼るのではなく、これらの高緯度で実際に観測を行い、月の軌道の時間を測定することで、答えが得られるでしょう。

残りのエッセイでは、JPL Horizonsデータを使用して、6つのサンプル緯度から見た冬と夏の月の見かけの高度を示すグラフをMicrosoft Excelで作成するのは簡単でした。

座標系

古代の人々のように、私たちは上空に光の点が点在する天球を想像することができます。そこに地球の経度と緯度が投影されています。

座標系は、地球と月の関係を理解するのに役立ちます。ダフェット=スミスは次のように述べています。「天体の位置を特定するには、空のあらゆる点に異なる2つの数値を割り当てる参照フレーム、つまり座標系が必要です。この2つの数値、つまり座標は通常、「どれだけ周りを回っているか」と「どれだけ上空にあるか」を表します。これは、地球表面上の物体の経度と緯度と同じです。地平線系、赤道系、黄道系、そして銀河系があります。」[7]

真上の天頂を通る、一方の極からもう一方の極への経線は、観測者の子午線です。地球の自転に伴い、天体は東から西へ観測者の子午線を横切るように見えます。この時、天体は最も高い高度に達します。これ

---

7 電卓を使った実践天文学. ピーター・ダフェット=スミス. ケンブリッジ大学出版局, 第2版. 1981年.

が子午線通過です。12時間後、地球の自転に伴い観測者は「反対側」に移動しますが、天体は再び子午線通過で子午線を横切るように見えます。おそらく地平線より下になるでしょう。ただし、高緯度地域では、極に向かって見ると、周極として地平線より上に留まっているように見えます。

月の高度を求める公式を導くことができます。月の最大高度hmaxは、赤緯（δ）と観測者の緯度（ϕ）から次のように計算されます。[8]

$$h_{max} = 90° - |\delta - \phi| \text{ (式 1)}$$

8 Also see: Krisciunas K. et al.「宇宙論的距離ラダーの最初の3段」Am. J. Phys., 80(5), p. 430 (2012)も参照。 https://scispace.com/pdf/the-first-three-rungs-of-the-cosmological-distance-ladder-1zeg8nff9i.pdf

JPL Horizons から得られる高度と偏角の数値は、地心観測（観測者が地球表面上にいる場合）であることに注意してください。

「太陽系内の天体の場合...視差とは、地心観測（地球表面上の実際の観測者による観測）と仮想的な地心観測（地球中心の観測者による観測）の方向差です。」 9

9 Meeus J.、「Astronomical Algorithms」、第 2 版、Willmann-Bell Inc.、バージニア州リッチモンド、1988 年、p. 412.

1	2	3	4
Observer latitude on the Earth (deg)	Earth circumference (km)	Observer on the Earth's surface: linear speed of eastward rotation (km/hr) $2\pi R \times \cos(lat) / 24$ hr	Moon above the horizon when on the night side of Earth (hrs)
0° (equator)	40,000 km	1670 km/hr	12 hrs
22°	37,000	1550	6-12 hrs
45°	28,000	1200	6-12 hrs
70°	14,000	570	Various hrs and one 6-day period /month
80°	7,000	290	Various hrs and one 11-day period /month
90° (poles)	0	0	One 14-day period /month. (half a month)

表1 地球の東向きの自転による要因の変動 出典：https://www.vcalc.com/wiki/MichaelBartmess/Rotational-Speed-at-Latitude NASA JPL Horizonsデータサービス（https://ssd.jpl.nasa.gov/horizons/）

地球の自転

地球の東向きの自転により、太陽、月、惑星、そして天球全体が東から西へ動いているように見えます。赤道付近では、他の緯度よりも月と太陽がより速く、より地平線に対して垂直に昇り沈むように見えることはよく知られています。さらに、地球上の観測者にとって東への速度は、緯度が高くなるほど遅くなります。これは、24時間で一周する円周が短くなるためです。緯度が高くなると、太陽と月は地平線に対して斜めに昇り沈むため、その移動に時間がかかります。緯度が約70度を超えると、月は数日間地平線上に留まります。これは、北半球では月が南に見える（上方通過）ためであり、観測者が極の周りを回転する間も地平線上に留まり続け、下方通過では北の極の上にある月が見えるからです。

表1（左）において、3つの高緯度地域における第4列の複数日周期は、自転速度の減少（第3列）と関係していると考えられます。高緯度地域では夏季に太陽が常に地平線上にあるため（真夜中の太陽）、月の見え方が弱まる可能性があることをご承知おきください。

Diagram A. The Earth-Moon system's orbit around the Sun showing the northern hemisphere winter (L) and summer (R) Author's diagram, not to scale.

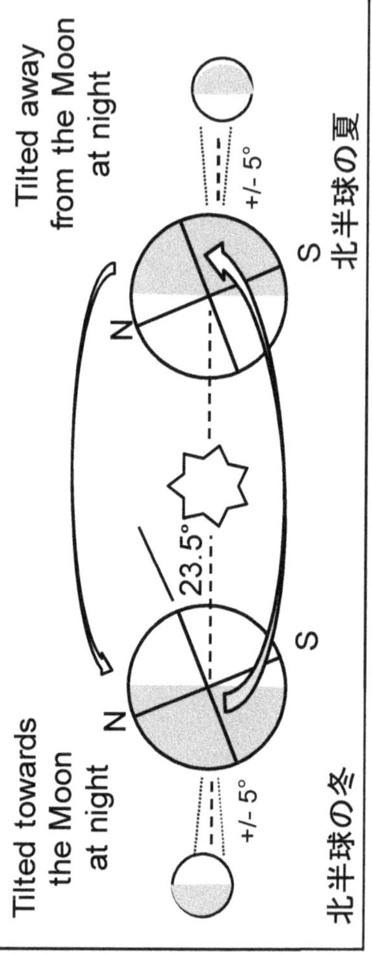

地球の傾き

図Aに示すように、地球の軸は23.5°傾いており、北半球の冬（左）には北半球が太陽から遠ざかります。6か月後には北半球が太陽に近づくように傾き、北半球の夏（右）となります。[10]

図に示すように、太陽と満月は定義上、互いに反対側に位置しているため、北半球の冬（左）に太陽の赤緯が最小となるとき、満月の赤緯は最大となり、北半球の夏（右）にはその逆となります。したがって、満月の最大高度は冬の方が夏よりも高くなります。

月の軌道が黄道から約5°傾いていることも示されています。

10地球の自転軸の傾きは23.5度で、公転軌道上では一定であり、約2万6000年の間に自転軸の向きがゆっくりと回転（歳差運動）するため、数度しか変化しません。これは、コマのように歳差運動によるものです。https://space-geodesy.nasa.gov/multimedia/videos/EarthOrientationAnimations/EOAnimations.html をご覧ください。

熱帯地方

地球の軸の傾きにより、赤道は太陽の周りを回る軌道（黄道）に対して約23.5°傾いているため、太陽が天頂（赤緯）にある領域は北緯23.5°から南緯23.5°までとなります。これは赤道（ギリシャ語のtropikós（回転）に由来）と呼ばれ、北回帰線（北緯23.5°）と南回帰線（南緯23.5°）によって区切られています。

月にも赤道がありますが、月は歳差運動によって黄道から5°傾いているため、赤道は変化します。[11] 軌道の北緯は、南北で18.5 度から最大 28.5 度までの範囲です。北緯 28.5 度を超えると、月は真夜中に南へ通過する（子午線を横切る）ときに見え、南半球で 28.5 度を超える緯度では、北へ通過するときに見えます。月が観測者の天頂にあるのは、赤緯と観測者の緯度が等しいときだけであり、つまり、最大で南緯 28.5 度までしか起こりません。

11月の軌道は 18.6 年周期で歳差運動（自転）しており、この周期で月の軌道の傾き 5° が地球の傾き 23.5° に加算または減算されるため、地球の赤道に対する月の傾きは南北緯約 18.5° から 28.5° の間で変化します。

月の軌道は地球の赤道面に対して傾いているため（定義により、地平線は赤道と平行です）、月は太陰月の間に赤道面の上下に移動します。このため、赤道に対する月の角度、つまり赤緯は、月を通して変化します。ジャン・メーウス：

「月の軌道面は黄道面と5°の角度をなしています。したがって、月は天空でほぼ黄道に沿って移動しており、1回の公転（27日間）ごとに北緯最大赤緯に達し、2週間後には南緯最大赤緯に達します。月の軌道は黄道と5°の角度をなしており、黄道は天の赤道と23°の角度をなしているため、月の極赤緯は約18°から28°（北または南）の範囲となります。」[12]

12『天文学的アルゴリズム』第2版、Jean Meeus著、Willmann-Bell社、1998年。一部の数値は四捨五入されている点に注意。

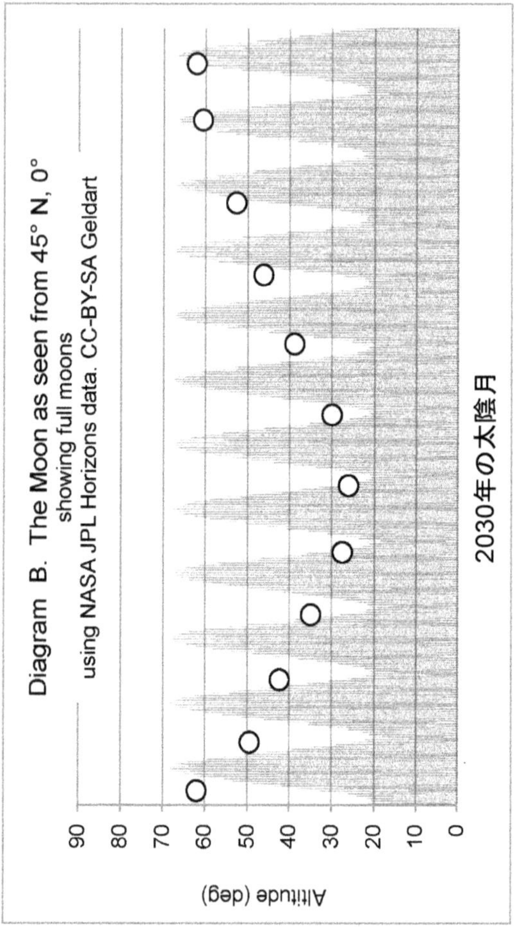
Diagram B. The Moon as seen from 45° N, 0°
showing full moons
using NASA JPL Horizons data. CC-BY-SA Geldart
Altitude (deg)
0
10
20
30
40
50
60
70
80
90
2030年の太陰月

太陰月

北緯45度、経度0度から見た月の高度を2030年全体にわたってプロットすると、約29.5日の恒星月が陰影を帯びた波動を示し、これは季節変動がなく年間を通してほぼ一定である（図B）。月の軌道は、私たちの季節、月、昼夜サイクル、そして月齢とは無関係である。[13], 太陽の至点と分点についても記載されています。満月（月が太陽の反対側、ほぼ地球の真後ろに位置する時）も示されていますが、地球の軌道上の傾きがほぼ一定であるため、夏は低く、冬は高くなります（図A）。

---

13 月自体は、軌道全体を通して太陽側が常に完全に照らされています（地球の影の中を通過する場合を除く）。そして、地球からのみ、私たちは地球に向かっている面が徐々に様々な位相で照らされるのを見ることができます。照らされた部分の凸状の曲線は太陽に向いていますが、夜は当然地平線の下にあります。昼間は、太陽が「空のドーム」の反対側にあるときに、青白い月（それでも地球の夜側にあります）が見えることがあります。月の位相は、見かけの軌道や高度とは無関係です。それは、地球から私たちが見る光の現象に過ぎません。.

サンプル年である2030年は、18.6年にわたる月の歳差運動のほぼ中間点にあたり、この期間に高度は5°変化します。網掛けの曲線は、2015年の「小さな月の停滞」時には約5°小さくなり、2043年「大きな月の停滞」時には約5°大きくなります。月が最小赤緯（18.5°）と最大赤緯（28.5°）にあるとき、数夜の間、月が地平線のほぼ同じ位置から昇るため、「停滞」と呼ばれます。これは月食（ルニスティック）と呼ばれます（太陽が北緯23.5度の北回帰線または南緯23.5度の南回帰線にある至点と比較してください）。

低緯度から中緯度から見た月

以下の図1と図2は、これらの日付において、観測者の緯度が上昇するにつれて満月の高度が低くなり（0°□22°□45°）、冬の方が夏よりも高く見えることを示しています。

緯度約70°以下の場合、月は昇り、太陽面を通過し、沈み、その後12時間後に地平線の下に沈みます。

1. Full moon as seen from low latitudes in summer

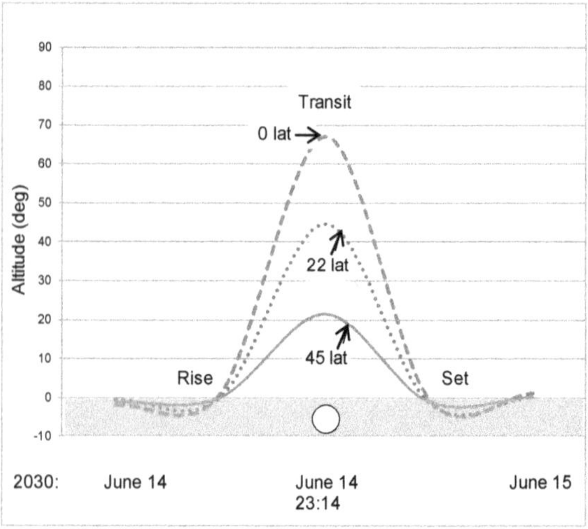

満月は 6 月 14 日の真夜中頃に観測者の子午線 (赤道に向かう方向、つまり北半球ではほぼ真南、南半球では真北) を通過し、その半月後に新月 (地球側からは照らされません) が正午頃に通過しますが、景色は太陽光に圧倒されます (月がたまたま太陽の前を通過して日食にならない限り)。

2. Full moon as seen from low latitudes in winter

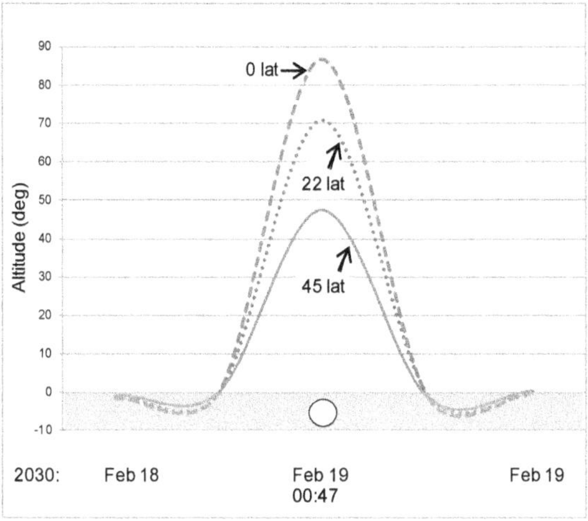

Using the NASA JPL Horizons data service (CC-BY-SA Geldart)

図2は、月の高度の曲線が2030年2月の方が6月（図1）よりも高いことを示しています。

3. Full moon as seen from low latitudes in winter

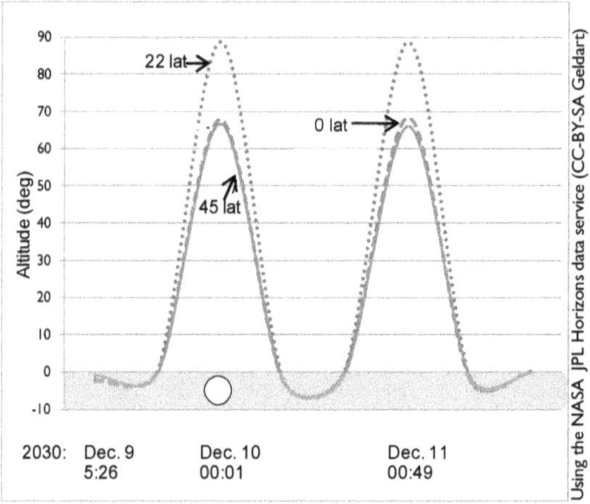

月は赤道から天頂で見られるのと同様に、他の緯度からも、最大緯度28.5°NまたはSまで天頂で見られる可能性がある。.

2030年12月の図3では、北緯22度から見る満月は、赤道（0度）から見る満月よりも高く見えます。これは、2月の図2では赤道（0度）からの方が高く見えたのとは対照的です。0度と45度からの眺めはほぼ同じですが、北半球では、0度からは月は北向き、北緯45度からは南向きに見えます。

Diagram C. The three latitudes of Chart 3 showing the decrease in the Moon's apparent altitude. Author's diagram, not to scale. CC-BY-SA Geldart

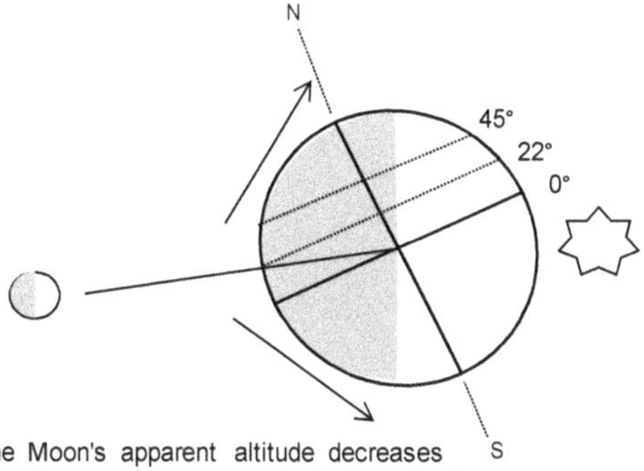

The Moon's apparent altitude decreases as you move away (⟶) from the latitude at which the Moon is at the zenith, in this case 22° latitude on December 10, 2030.

図 3 を裏付けるように、図 C は、月の見かけの高度が 0 度 (赤道) から見た場合よりも北緯 22 度から見た場合の方が高いことを示しています。月の高度は天頂近くで最大になります。

これは式1で説明できます。

2030年12月10日の満月（図3）

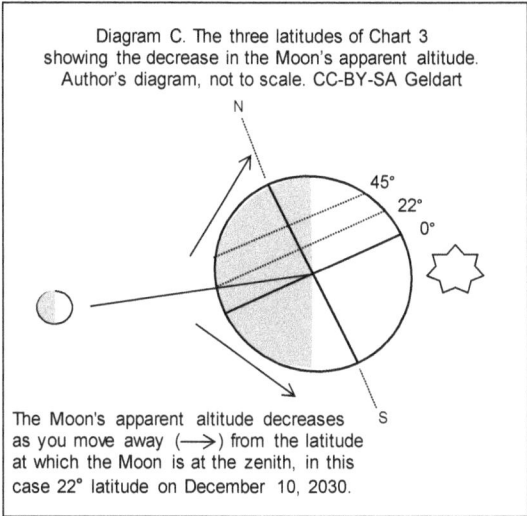

緯度0度：hmax = 90° □ | 21° □ 0° | = 69°
緯度22度：hmax = 90° □ | 21° □ 22° | = 89°（天頂）
緯度45度：hmax = 90° □ | 21° □ 45° | = 66°

　この日、赤道から見ると月は北に見え、北緯22度からは真上（ほぼ天頂）に見え、北緯45度からは南に見えるという点も考慮に入れるとよいでしょう。観測者の緯度（45°）が月の赤緯（約21°）より大きい場合、月の通過は南方向になります。観測者の緯度（0°）が小さい場合、月の通過は北方向になります。北緯22°から見ると月は天頂にあるため、それより北の観測者からは月が南方向に見え、それより南の観測者からは月が北方向に見えます。

高緯度から見た月

次の図 4 (夏) の 6 月中旬の中央領域では、緯度 70 度では満月が地平線上にほとんど見えず、緯度 80 度と 90 度では月が沈んでいることがわかります。

4. Moon as seen from high latitudes in summer.

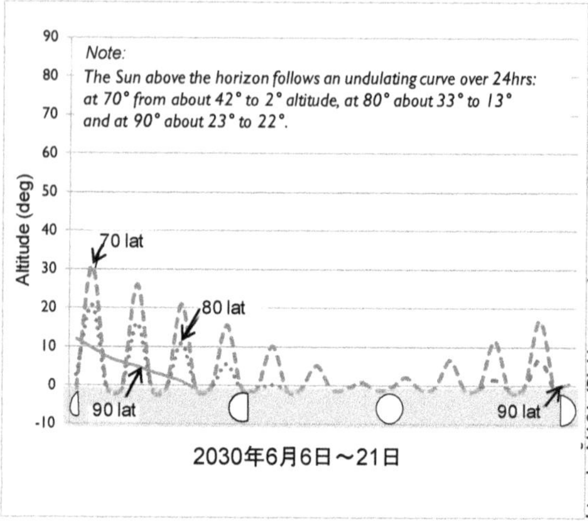

夏には緯度約 70 度を超えると、太陽は長期間にわたって地平線の上に留まり始めます (真夜中の太陽)。この期間は観測者の緯度とともに増加します。

5. Moon as seen from high latitudes in winter.

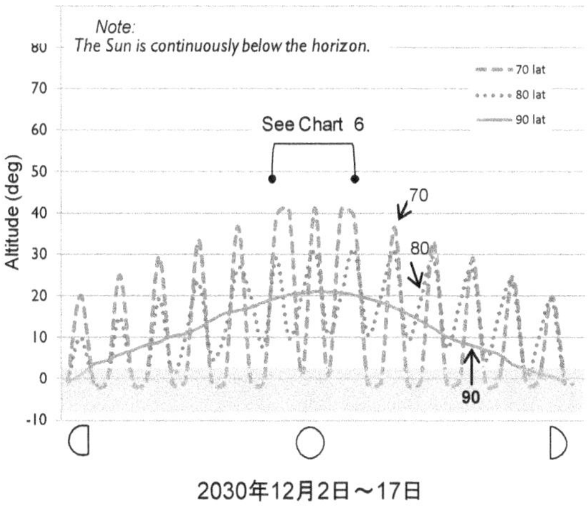

Using the NASA JPL Horizons data service (CC-BY-SA Geldart)

冬の図5では、地球の傾きが基本的に一定であるため（図A）、月の波打つ曲線は夏の図4よりも高くなっています。月が最高高度に達して観測者の子午線を横切るときに上空の通過があり、その12時間後に月が沈む前に再び子午線を横切るときに下空の通過があります。緯度90度の曲線は非常に均一であることに注目してください。これは、上空の通過と下空の通過がほぼ同じであるためです。

したがって、月は、地球の夜側に約半月ある間、長期間にわたって地平線上にあり、高度が低い状態にあります。これは、冬に約70度以上のすべての緯度に当てはまります。70度では約6日間、80度では約11日間、90度では約14日間（半月全体）地平線上にとどまります。月は、その間ずっと空の低いところで波打っています。

太陽に関しては、冬季の緯度約 66 度より上では、観測者の緯度が高くなるにつれて、太陽が地平線の下に隠れる期間が長くなります (極夜)。

6. Full moon as seen from high latitudes in winter (detail)

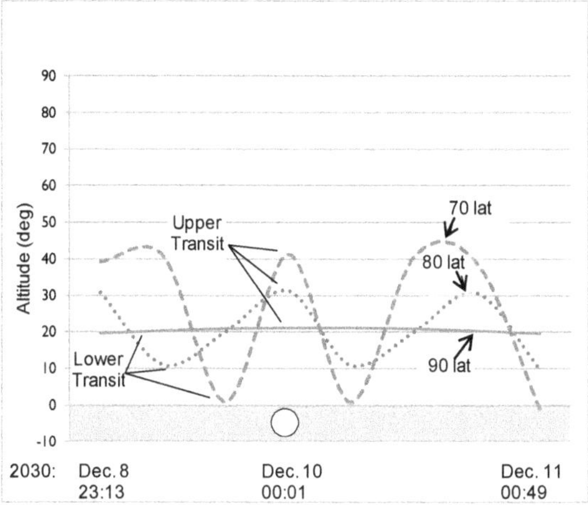

図5を拡大すると、図6は12月の高緯度地域における3日間の満月の高度を詳細に示しています。冬の低緯度地域（図2）と比較すると、曲線はより高くなります。高緯度地域では、上空の通過と下空の通過の高度はすべて地平線より上にあります。90°の場合、両方の通過高度がほぼ同じ（20°、21°）ため、線は非常に平坦になります。.

高緯度では、月が観測者の子午線を横切る場合、上側の月面通過は赤道方向へ約180°の方位角を向いて観測され、12時間後、観測者が地球の軸の「反対側」にいるときには、下側の月面通過は極上方位角約0°を向いて観測されます。北緯70°、80°、90°（北半球）の月面通過については、表2を参照してください。

表2の注釈

図6を裏付けるために。

Az ǂ これらの北極緯度における上側の月面通過では、観測者は南方位角約180°を向いています。下側の月面通過は北方角を向いて観測され、極上方位角約0°を向いています。Az ǂ 列の数字がすべて正確に 0° と 180° ではないのは、JPL Horizon の暦表における計算の分単位の正確なタイミングによるものです。

*** これらの真冬の日付では、月は常に地平線の上にあります（昇りも沈みもありません）。

緯度 90°（極）では、両方の月の通過高度はほぼ同じです（20°、21°）。

高度の値は、月の公転周期 18.6 年の間に 5° 変化します。例えば、70° の通過高度の上限値「41」は、2015 年のマイナーな月停止時には約 5° 低く（30° 台半ば）、2043 年の主要な月停止時には約 5° 高くなります（40° 台半ば）。

Table 2. Data for upper and lower transits of the Moon
as seen from high latitudes in winter.
CC-BY-SA Geldart, based on data from the
U.S. Naval Observatory and NASA's JPL Horizons

Year: 2030

Latitude: N 70 °

Date	Rise Az.	Upper Transit.	Alt.	Az ‡	Set Az.	Lower Transit.	Alt.	Az ‡
	h m °	h m	°	°	h m °	h m	°	°
Dec-08	***	23:07	41 South	182	***	10:43	1 North	1
Dec-09	***	23:55	41 South	181	***	11:31	1 North	1
Dec-10	***				***	12:20	1 North	0
Dec-11	***	00:44	41 South	182	***	13:08	0 North	0

Latitude: N 80 °

Date	Rise Az.	Upper Transit.	Alt.	Az ‡	Set Az.	Lower Transit.	Alt.	Az ‡
	h m °	h m	°	°		h m	°	°
Dec-08	***	23:07	31 South	182	***	10:43	10 North	0
Dec-09	***	23:55	31 South	181	***	11:31	11 North	1
Dec-10	***				***	12:20	11 North	0
Dec-11	***	00:44	31 South	182	***	13:08	10 North	1

Latitude: N 90 °

Date	Rise Az.	Upper Transit.	Alt.	Az ‡	Set Az.	Lower Transit.	Alt.	Az ‡
	h m °	h m	°	°		h m	°	°
Dec-08	***	23:07	21 South	181	***	10:43	20 North	2
Dec-09	***	23:55	21 South	180	***	11:31	21 North	1
Dec-10	***				***	12:20	21 North	2
Dec-11	***	00:44	21 South	180	***	13:08	20 North	1

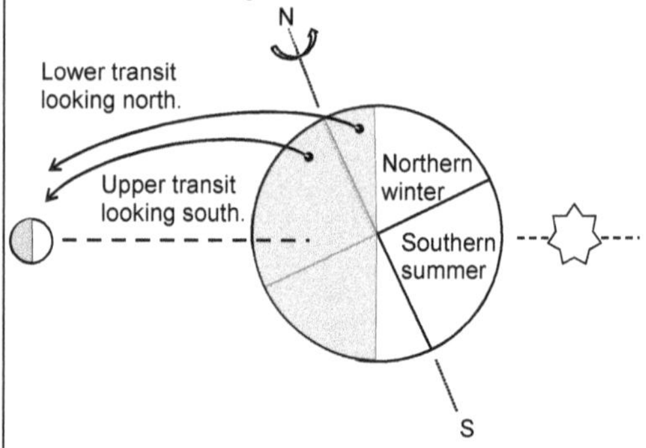

Diagram D. Upper and lower transits of the full Moon as seen from a high latitude in northern winter
Author's diagram, not to scale. CC-BY-SA

図Dは、例えばカナダのアラート（緯度80度）にいる人の満月の通過を示しています。月の上半月通過は真夜中頃、観測者の子午線を方位角約180度（北半球から南を向いている場合）の地平線上で横切るときに起こります。地球の自転に伴い、約12時間後には「昼」側（まだ暗い）に到達し、方位角約0度で北極上空を振り返ると、下半月通過が見られます。

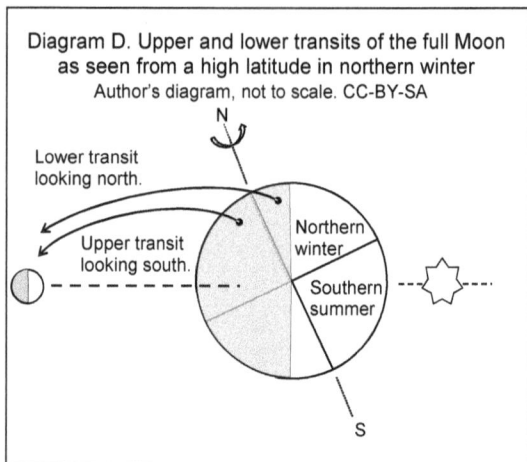

周極

この期間中、月が夜側にある約14日間、緯度約70度以上の地域では、月は地平線上で波打っており、周極状態にあります。緯度70度では6日間、緯度80度では11日間、緯度90度では半月に相当する14日間、波打っています。

夏の高緯度地域では、月と太陽は共に周極状態にあり、長期間沈むことはありません。月は明るい空の中でかすかに見えることもあります。

冬の高緯度地域では、月は周極状態にあり、太陽は地平線の下にあります。

結論

月の軌道は、その時空環境、すなわち月自身の質量と重力場、そして地球、太陽、そして太陽系全体の重力場と絡み合う力場のみに依存します。グラフ上では、月の見かけの高度は、地球の自転、月、季節、太陽の至点と分点、そして月自身の満ち欠けとは関係なく、太陰暦の月と年を経ても一定の形状の波打つ曲線を描きます。しかし、地平線上の月の軌道は夜ごとに変化します。これは、月が黄道から約5°ずれて公転し、地球の赤道面に対する南北の角度（赤緯）が太陰暦の月の間に変化するためです。この赤緯と観測者の緯度を用いることで、任意の場所から見た月の高度を計算することができます。

月の位置を理解する上で、2つの要素が役立ちます。まず、月が観測者の天頂にある熱帯緯度から離れるにつれて、月は空で徐々に低い位置に見えるようになります。次に、地球の（固定された）傾きにより、太陽の赤緯が最小で月の赤緯が最大となる冬には、夏（太陽が最大で月の赤緯が最小となる）よりも満月が高く見えます。
観測者は、月の位置の理由を理解し、他の緯度にいる人々が何を見ているかを想像できる必要があります。

www.ingramcontent.com/pod-product-compliance
Lightning Source LLC
Chambersburg PA
CBHW052124030426
42335CB00025B/3098
9781998321735